BEI GRIN MACHT SICH IHR WISSEN BEZAHLT

- Wir veröffentlichen Ihre Hausarbeit, Bachelor- und Masterarbeit

- Ihr eigenes eBook und Buch - weltweit in allen wichtigen Shops

- Verdienen Sie an jedem Verkauf

Jetzt bei www.GRIN.com hochladen und kostenlos publizieren

Bibliografische Information der Deutschen Nationalbibliothek:

Die Deutsche Bibliothek verzeichnet diese Publikation in der Deutschen National-
bibliografie; detaillierte bibliografische Daten sind im Internet über http://dnb.d-
nb.de/ abrufbar.

Impressum:

Copyright © 2014 GRIN Verlag, Open Publishing GmbH
Druck und Bindung: Books on Demand GmbH, Norderstedt Germany
ISBN: 978-3-668-16109-2

Dieses Buch bei GRIN:

http://www.grin.com/de/e-book/316320/ziele-und-strategien-der-corporation-2020-
wie-lassen-sich-nachhaltige

Friederike Schnitter

Ziele und Strategien der Corporation 2020. Wie lassen sich nachhaltige Bewirtschaftung und ökonomisches Wachstum vereinbaren?

GRIN Verlag

CORPORATION 2020

Ziele & Strategien

Georg-August Universität Göttingen
Fakultät für Geowissenschaften & Geographie
Geographisches Institut
Abteilung Humangeographie

M.Geg.07 Ressourcenwahrnehmung, -bewertung, -management
Autor: Friederike Schnitter
Sommersemester 2014
Abgabe: 13.07.2014

INHALTSVERZEICHNIS

ABBILDUNGSVERZEICHNIS

EINLEITUNG

Ende September 2013 hat der Uno-Klimarat die Zusammenfassung seines neusten Sachstandsberichts – den 5. Report des Intergovernmental Panel on Climate Change - veröffentlicht. Bereits beim Überfliegen des Berichtes wird deutlich, die sich abzeichnende Klimakatastrophe ist von Menschen gemacht. Es stellt sich aber schnell die Frage, ob von allen Menschen im gleichen Ausmaß? Sicherlich trägt ein jeder Mensch zum Klimawandel bei – jeder einzelne durch sein unbedachtes Handeln oder Unwissen. Die breite Bevölkerung aber trägt nur einen Bruchteil zu den klimawandelverstärkenden Faktoren bei. Denn hauptsächlich wird die Klimakatastrophe von großen, internationalen Unternehmen hervorgerufen, denen die negativen Effekte ihres Handelns bislang nicht in Rechnung gestellt werden und selbst die schädlichen Folgen ihres Handelns nicht in den Rechnungsbüchern führen. Dass aber genau dies geschehen muss, um der Katastrophe zu entkommen ist eine der zentralen Forderungen der Corporation 2020.

Die vorliegende Hausarbeit thematisiert das Konzept der Corporation 2020. Es werden neben der Entwicklung zum Konzept hin auch Themenfelder wie Unternehmensstrukturen der Zukunft oder auch Naturkosteninternalisierung angesprochen. Ziel ist es aber zu klären, wie sich eine ökologisch nachhaltige Bewirtschaftung und ökonomisches Wirtschaftswachstum vereinigen lassen, ohne die planetarischen Grenzen zu überschreiten bzw. welche Veränderungen währen der großen Transformation von statten gehen müssen um das Konzept der Corporation 2020 umzusetzen.

Entstanden ist diese Hausarbeit im Rahmen des Mastermoduls „Ressourcenwahrnehmung, -bewertung, -management – Wie wollen wir leben?" .

CORPORATION 2020

– ENTWICKLUNG –

Nach dem zweiten Weltkrieg folgte die Ära der Deregulierung, die bis dato anhält. In dieser Zeit konnten die vorherrschende Ökonomie, die Corporation 1920, ihre alles beeinflussende Machtposition erlangen. Sie sorgten dafür, dass wir trotz besseren Wissens und technischen Fortschrittes Katastrophen wie Klimawandel, atomaren Gau, globale Armut etc. fördern statt minimieren. Der Prozess der großen Beschleunigung brachte nicht nur den Anstieg des Energieverbrauches (Abb. 1), sondern auch Materialnutzung und Rohstoffverbrauch stiegen an (Abb. 2).

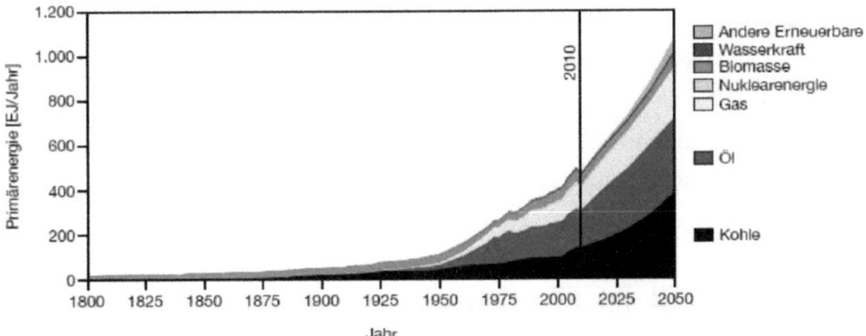

Abbildung 1: Entwicklung der globalen Primärenergienachfrage (WBGU 2011, S. 57)

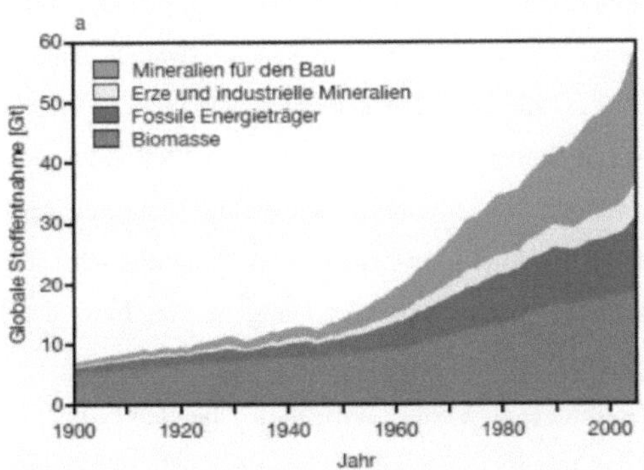

Abbildung 2: Direkte Stoffentnahme 1900 - 2005 (KRAUSMANN ET AL. 2009)

Infolge dieser zivilisatorischen Veränderung, von der Neolithischen- hin zu Industriegesellschaft, hat nicht nur Energie- und Materialverbrauch zugenommen, auch stieg die Weltbevölkerung auf knapp neun Milliarden Menschen an. Kennzeichnend ist für die Phase der großen Beschleunigung, ist neben der Beschleunigung des Bevölkerungswachstums, die Etablierung und Ausbreitung von Massenproduktion und Massenkonsum, damit verbunden geht ein dynamische steigendes Wirtschaftswachstum einher. Aber auch Fremdkapitalleistungen, Werbung, Lobbyismus und eine steigende Unternehmensgröße unterstützen die Ausprägung der Corporation 1920 bzw. der Brown Economy (die Wirtschaft das 19. und 20. Jhd., geprägt von Kohleabbau und Emissionen) im Zuge der großen Beschleunigung fortwährend (vgl. MICHELBERGER 2012; SOMMER 2013). Weitere Merkmale, der noch heute andauernden, weltwirtschaftsprägenden Ökonomie, der Corp. 1920 ist im Folgenden angeführt:

- Shareholder-Nutzen
- Profitmaximierung
- Kostenminimierung (inklusive Externalisierung von ökol. Kosten)
- Wettbewerbsorientiert
- Lineare Produktionssysteme.

Sechzig Nobelpreisträger haben im Jahr 2009 in ihrem Appell an die Weltöffentlichkeit „Handeln für eine klimaverträgliche und gerechte Zukunft" auf die dringend notwendige Umstellung der Weltwirtschaft auf eine klimaverträgliche Entwicklung hingewiesen (The St. James's Palace Memorandum, 2009). Darin heißt es „Der Fluchtpunkt aller Überlegungen und Anstrengungen muss eine moderne Weltgesellschaft ohne Nutzung fossiler Brennstoffe sein. Die Tür zu dieser Entwicklung muss umgehend aufgestoßen werden!". Nach allem, was wir wissen, haben die Nobelpreisträger recht, und was sie beschreiben ist eine Herausforderung in einer Größenordnung, wie sie die Menschheit noch nie erlebt hat. Um gefährliche Klimaänderungen zu vermeiden, muss baldmöglichst die große Transformation zur klimaverträglichen Gesellschaft in Gang gesetzt bzw. beschleunigt werden (WBGU 2011, S. 29).

Aus diesen Forderungen bildete sich eine „Wirtschaftliche-Bewegung" heraus– die Green Economy. Vertreter dieser haben es sich zur Aufgabe gemacht ökologische Nachhaltigkeit und wirtschaftliche Profitabilität zu vereinigen – alles unter dem Gesichtspunkt die Klimawandel verstärkenden Faktoren drastisch zu minimieren bzw. abzuschaffen. Erste Umsetzungen, hin zur großen Transformation sind im Zuge des Green New Deal Konzeptes bereits von statten gegangen. Dennoch lassen sich Wirtschaft und Nachhaltigkeit nur schwer vereinbaren. Aus diesem Grunde bildete sich im Zuge der Green Economy Bewegung das Konzept der Corporation 2020 heraus. Als einer der Gründerväter wird der ehemalige Deutsche Bank Manager Pavan Sukhdev angesehen (Abb. 3). Hauptaugenmerk ist es, genau die Vereinigung der beiden Faktoren Umwelt und Wirtschaft nachhaltig zu vereinigen und dem Klimwandel so entgegen zu wirken. Sukhdev geht grundsätzlich auch davon aus, dass die sich abzeichnende Klimakatstrophe durch internationale Großkonzerne und Global Player hervorgerufen wurde. Weiterhin sieht Sukhdev es von Nöten, dass die Decarbonisierung der Weltwirtschaft bis zum Ende des Jahrhunderts abgeschlossen sein muss. Auch müssen die Treibhausgasemissionen (THGE) bis zum Jahr 2020 maximal reduziert werden, da sonst die planetarischen Grenzen überschritten werden würden und einer Klimakatastrophe nicht mehr zu entkommen ist. Um dieses Vorhaben zu realisieren ist es erforderlich, dass sich alle gesellschaftlichen Akteure in Staat, Verwaltung und Politik sowie die Unternehmen und die Zivilgesellschaft gleichermaßen beteiligen. Sukhdev geht sogar soweit, dass er die These aufstellt, dass die bereits vorhandenen Maßnahmen zur THGE-Reduzierung nicht ausreichend sind und die bereits stattfinden endogenen Prozesse den Klimawandel nicht eindämmen können. Weiterhin würde eine neue Wirtschaftsform von Nöten sein. In dieser müssen die ökonomische Entwicklung und die soziale Gerechtigkeit gefördert und gleichzeitig die ökologischen Risiken und Ressourcenknappheit gemindert werden (WALLACE 2012). All diese Überlegungen und Notwendigkeiten vereinigte Sukhdev schließlich in Zusammenarbeit mit dem Tellus Institut der Universität Yale im Konzept der Corporation 2020 (UNMÜßIG 2012).

Grundsätzlich besitz der Ausdruck der Corporation 2020 eine doppelte Bedeutung. Einerseits, bezeichnet es das moderne Unternehmen, welches sich der Problematik des Klimawandels stellt bzw. entgegengewirkt, andererseits bezeichnet es den Transformationsprozess der Corp. 1920 hin zur Corp. 2020 (WALLACE 2012). Es handelt sich bei dem Konzept jedoch nicht um eine Transformationsanleitung, die wo möglich noch allgemein gültig ist. Vielmehr sollen für das Unternehmen von morgen Ideen, Visionen und Umdenkhilfen zur Schaffung einer ökologisch nachhaltigen Ökonomie geliefert werden (SUKHDEV 2012).

Das Fundament dieses Konzepts bilden die sogenannten vier Pfeiler der „DNA" dar. Diese definieren die notwendigen Voraussetzungen zur Umsetzung des neuen wirtschaftlichen Grundgedankens (SUKHDEV 2012, S. 32):

I. *Die Ausrichtung der Unternehmensziele an den Zielen der Gesellschaft:*
Bereits um 1900 richtete Henry Ford die Ziele seines Unternehmens an den Zielen der Gesellschaft aus. Er wollte jedem Amerikaner zur Mobilität verhelfen und er wollte, dass die Farmer ihren Treibstoff selber anbauen, in Form von Ethanol aus fast jeder beliebigen Biomasse.

II. *Das Unternehmen als Gemeinschaft:*
Natura in Brasilien ist stolz darauf, Teil einer Gemeinschaft zu sein, eines Beziehungsgeflechtes zwischen Unternehmen und mehr als einer Million Hausfrauen, die die Natura-Geschichte erzählen und über diese Geschichte die Kosmetik- und Hygieneprodukte des Unternehmens verkaufen.

III. *Unternehmen als Bildungsinstitut:*
Infosys in Indien hat die weltweit größte Unternehmensuniversität gebaut und bildet jährlich mehr 30.000 IT-Spezialisten aus Damit ist Infosys genauso sehr ein Bildungsinstitut wie ein Unternehmen.

IV. *Das Unternehmen als Kapitalfabrik:*
Das Unternehmen der Zukunft erzeugt mit den in Punkten I-III genannten Faktoren nicht mehr nur finanz-, sondern vor allem Sach-, Sozial-, Human-, und Naturkapital.

Weiterhin sollen sich die *Firmen finanziell an ökologischen Projekten beteiligen* und so einen persönlichen Beitrag, zur Gesellschaft in der sie agieren leisten. Diese Kapitale (IV-V) dienen somit nicht mehr nur den Unternehmen sondern auch der Gesellschaft und entscheidend dem Gemeinwohl.

Dieses Verhalten auf der Mikroebene bereitet den Boden für Transformation in eine völlig andere Welt auf der Makroebene – die Corporation 2020.

Wie sich genauen die Unternehmenseigenschaften verändern sollen, via Transformation unter mithilfe des Konzeptes der Corporation 2020, ist aus der folgenden Darstellung zu entnehmen:

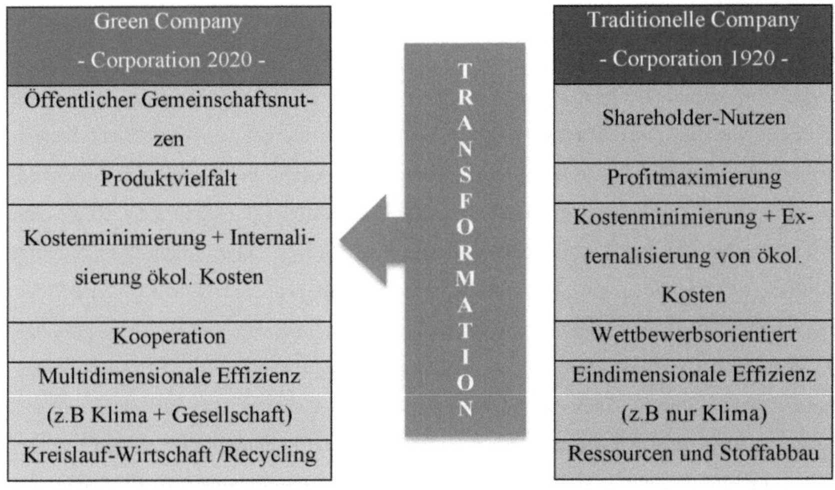

Abbildung 3: Eigenschaften der Corp. 2020 vs. Corp. 1920 (Verändert nach Alfredsson & Wijkman 2014, S. 32)

Die derzeitigen Rahmenbedingungen begünstigen aber eher die DNA einer Corporation 1920, statt einer 2020 und fördern somit weiterhin eine „schmutzige" Wirtschaft, die sich weiterhin als Konsum- und Wegwerfgesellschaft auszeichnet. Um das menschliche Überleben und den Erfolg auf der Biosphäre weiterhin zu gewährleisten, müssen sich die ökonomischen Rahmenbedingungen neutralisieren oder verbessern. Damit das Konzept der Corporation 2020 die bestehende Corporation 1920 transformieren kann, müssen jedoch erst eine Reihe von Voraussetzungen erfüllt werden.

– VORAUSSETZUNGEN –

Hier stellt sich die Frage, wie die Green Economy der Zukunft aussehen wird bzw. wie sich die Ökonomie schon verändert haben wird, wenn die DNA der Corporation 2020 zu

„arbeiten" beginnt. Grundsätzlich wird die Corporation 2020 als wichtigster Akteur innerhalb der Green Economy agieren. Die Veränderungen zum Erreichen der nachfolgenden Voraussetzungen müssen allerdings sowohl auf der Mikro- als auch auf der Makroebene erfolgen.

Die Mikroebene erfasst dabei die Beziehungen zwischen den Wirtschaftssubjekten wie Haushalt und Unternehmen (MANKIW & TAYLOR 2012) – hier wird also eher die nationale Wirtschaft eines Landes betrachtet.

Da die Corporation 2020 es als Notwendigkeit betrachtet, eine ökonomische Bewertung der Natur vorzunehmen, werden in dieser Ebene den Unternehmen vor allem Managementaufgaben an öffentlich zugänglichen Gebieten (z.B. tropischen Regenwald, Savannen, Korallenriffe etc.) und eine Naturkosteninternalisierung auferlegt. Begründet wird dies mit der Notwendigkeit, dass die biologische Vielfalt und Ökosystemleistungen den Charakter öffentlicher Güter haben, die nicht auf Märkten gehandelt werden und denen keine Preise zugeordnet sind, nie an Bedeutung im Wirtschaftssystem gewinnen werden – eine nachhaltige Wirtschaftsweise würde somit ausgeschlossen sein (WBGU 2011, S. 42). Dementsprechend würden natürliche Ökosysteme und ihre Vielfalt an Arten und Genen ohne eine solche Naturkosten- bzw. Ökosystembewertung immer weiter degradiert und zerstört werden, so dass die biologische Vielfalt in diesem Jahrhundert wahrscheinlich deutlich abnehmen wird (SUKHDEV 2008; PEREIRA ET AL. 2010; TEEB 2010).

Um den Wert eines Unternehmens für die Gesellschaft einschätzen zu können wird zur Naturkosteninternalisierung die Kennzahl des True Economic Value Add (kurz: TRUEVA) herangezogen. Diese Kennzahl soll den ökonomischen Wert eines Unternehmens dem ökologischen Wert gegenüberstellen (SUKHDEV 2012). Zur Verdeutlichung: Ein Unternehmen, wie z.B. das international tätige Energieunternehmen BP, würde demnach auch die gesamten Kosten für die durch das Unternehmen hervorgerufene Umweltkatastrophen in seinen Finanzbüchern anführen und verrechnen. Das vermeintlich rentable Unternehmen, dass sonst die großen Gewinne abwürft würde nach dieser Kosteninternalisierung äußert unrentabel wirtschaften. Ein weiteres Beispiel stellt auch die Palmöl-Industrie dar, die zum größten Teil für die massive Abholzung des tropischen Regenwaldes verantwortlich ist (UNMÜßIG 2012). Um die Folgen und die zu internalisierenden Kosten aber detailliert betrachten zu können, fordert die Corporation 2020 eine Bewertung von Ökosystemleistungen (MICHELBERGER 2012). Die so genannten Ökosystemleitungen werden im

Konzept der Corporation 2020 mit etwa 8 – 40 % des BIP eines Landes angesetzt. Je nachdem wie hoch die Bedeutung für die Bevölkerung in Bezug auf das geschädigte Ökosystem ist/war, soll die Höhe des Preises für die Ökosystemleistung angesiedelt werden.

Weitere Merkmale, die in der Mikroebene erfüllt sein müssen sind (ALFREDSSON & WIJKMAN 2014):

- *Einschränkung von Fremdkapital:*
  Damit Unternehmens- und Gesellschaftsziele Hand in Hand agieren (z.B. ökonomische Stabilität). In der Corporation 1920 stellen vor allem die Anleger eines Unternehmens die Gesellschaftsziele dar, auch hielt das Fremdkapital eine Vielzahl von Insolvenz bedrohten Unternehmen am Leben.

- *Werbung wird verantwortungsvoller:*
  Beispielhaft sind hierfür die heute schon vorhandenen Aufdrucke auf Zigarettenschachteln. Im Zeitalter der Corporation 2020 zeichnet sich die Werbung vor allem dadurch aus, dass diese verantwortungsbewusst und rechenschaftspflichtig auftritt und einen gewissen Ethikstil vertritt. Auch soll sie lediglich auf das Produkt hinweisen anstatt den Bürger einzureden, dass das Produkt eine Lebensnotwendigkeit darstellt. Von dem in Corporation 1920 kennzeichnenden Preiskampf, dem Wettbewerb der Unternehmen soll sich gänzlich distanziert werden.

- *Ausrichtung an Long-Term-Profits:*
  Heutzutage gehören circa 70% der großen Companies Institutionen an. Meistens sind diese in so genannten Pension Fonds verankert, in dessen Mittelpunkt die Short-Term-Profits stehen. Innerhalb der Ökonomie der Corp. 2020 sollen diese in Long-Term-Profits transformiert werden. Dies soll ermöglichen, dass Weiterentwicklungen nicht mehr gehemmt und schädliche Umwelteinwirkungen vermieden werden sollen.

Um den unter dem Punkt „Entwicklung" angesprochenen steigenden Ressourcenverbrauch entgegen zu wirken, sieht das Konzept der Corporation 2020 eine Ressourcenbesteuerung vor. Dies soll einen Anreiz für eine ressourceneffizientere Wirtschaftsweise geben und die Förderung von neuen Industriezweigen begünstigen. Die Ressourcenbesteuerung würde erstmals eine Neubewertung von Ressourcen erzwingen. Dies währe der wahre Beginn für das Management von Bodenschätzen oder jeglichen anderen Ressourcen und würde zugleich das Ende des momentanen Raubbaus bedeuten (WBGU 2011; SUKHDEV 2012,

S.193). Anstatt Ressourcen zu Verbrauchen um Güter und Waren herzustellen soll mit der Besteuerung auch der Anreiz zur Kreislauf-Abfallwirtschaft bzw. das Recycling gegeben werden.

Unternehmen, die keine Ressourcen nutzen aber THGE freisetzen würden ebenfalls besteuert werden. In welcher Höhe die Besteuerung ansetzt ist noch unklar. Jedoch gilt der grundlegende Gedanke diese Einzuführen als Fortschritt in punkto Nachhaltigkeit (CORPORATION 2020 2014).

Die in diesem Abschnitt vorgestellten Veränderungen der Ökonomie auf der Mikroebene verdeutlichen sehr stark den Nachhaltigkeitsaspekt und den Verantwortungsvollen Umgang mit Naturgütern und deren Leistungen. Dies soll die nachfolgende Grafik ebenfalls noch einmal veranschaulichen (Abb. 6):

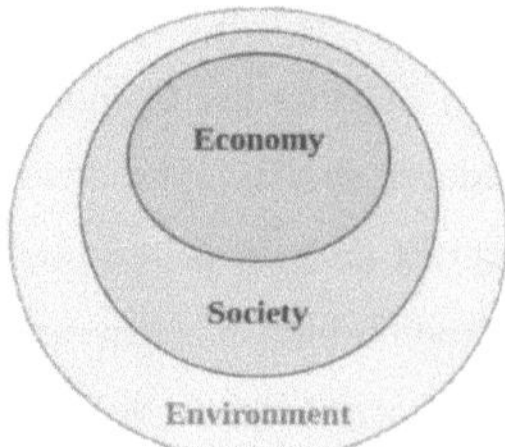

Abbildung 4: Beziehungen Umwelt-Gesellschaft-Ökonomie (GREENTECH-GERMANY 2014)

Die Grafik 6 beschreibt wie Wirtschaft, Gesellschaft und Umwelt voneinander abhängen. Augenmerk liegt auf dem Machtverhältnis zwischen den einzelnen Einheiten: Ohne die Gesellschaft kann keine Wirtschaft existieren und ohne die Umwelt kann keine Gesellschaft existieren (GREENTECH-GERMANY 2014).

Die Makroebene hingegen beschäftigt sich mit der Wirtschaft auf einer aggregierten Ebene im Gesamtzusammenhang. Sie untersucht damit gesamtwirtschaftliche Zusammenhänge, wie z.B. die der Weltwirtschaft (MANKIW & TAYLOR 2012).

In Bezug auf die Corporation 2020 sehen die Veränderungen auf der Makroebene wie folgt aus: Grundsätzlich werden sich die Umfelder für die Unternehmen verändert haben. Kontraproduktive Subventionen werden abgeschafft worden sein, Steuern wurden reformiert und die öffentlichen Institutionen konzentrieren sich auf den öffentlichen Wohlstand und insbesondere auf die Verbesserung der ökologischen Infrastruktur. Privatisierungen und freie Märkte gelten nicht mehr als Patentrezept gegen sämtliche finanzielle Nöte (SUKHDEV 2012, S. 33).

Bei all diese genannten Veränderungen, sowohl auf Mikro- als auch als Makroebene, muss man davon ausgehen, dass kurzfristig mit einem Verlust von Arbeitsplätzen zu rechnen ist (z.B. dadurch, dass der Bergbau deutlich minimiert werden würde, dies würde einen Arbeitsplatzverlust für eine Vielzahl am Bergbau direkt als auch indirekt beteiligten Arbeitskräfte/Branchen bedeuten). Innerhalb eines Jahrzehnts aber, so kalkuliert Sukhdev, würde es einen Übergang zu neueren und vor allem besseren Arbeitsplätzen (z.B. im Energiesektor der Nachwachsenden Rohstoffe) geben (MICHELBERGER 2012). Auch erfordert die Umstrukturierung der Unternehmen und der Weltwirtschaft eine neue volkswirtschaftliche Gesamtrechnung, die den Verlust und Zuwachs von Natur-, Sozial-, und Humankapital in die Gesamtrechnung mit einbezieht (GREENTECH-GERMANY 2014).

– ANTRIEBSMECHANISMEN –

Wie auch schon im Punkt Entwicklung erwähnt wurde, basieren die Überlegungen der Corporation 2020 darauf, dass die endogenen Prozesse nicht ausreichen um der Problematik des Klimawandels entgegen zu wirken. Auch wird davon ausgegangen, dass sich nichts von alleine ändert: ein endogener Unternehmenswandel in Kombination mit Nachhaltigkeit und unternehmerischem Erfolg reichen nicht aus. Faktoren wie Mrd.-$ Subventionen an fossilen Brennstoffen, die steigende Intensivierung der Landwirtschaft oder die Schleppnetzfischerei würden weiterhin bestehen bleiben, da die durchführenden Unternehmen zu viele Gewinne einfahren als dass Strafzahlungen oder eine Naturkosteninternalisierung diese finanziell treffen würden (CORPORATION 2020 2014). Ein weiterer Faktor, der die Durchsetzung der Corporation 2020 hemmt – sind die bis dato verankerten faktischen Eigentumsstrukturen der Unternehmen. Alleine der Eigentümer bestimmt bislang wie das Unternehmen seine Ziele ausrichtet. Es handelt sich beim Eigentümer aber immer weniger um eine Einzelperson, es sind zunehmend Investitions- und Pensionsfonds die ihren Erfolg alleine vom ¼-jährlichen Gewinn abhängig machen (MANKIW & TAYLOR 2012). Gerade Lebensversicherer oder Pensionsfonds, die eigentlich langfristig- und zukunftsorientiert denken sollten agieren Gewinnorientiert. Die schmutzige Ökonomie der Corporation 1920 wird durch solch ein Verhalten nur noch verstärkt an statt vermindert. Eine Transformation zur Corporation 2020 ist unter diesen Gegebenheiten unter keinen Umständen durchführbar, da die Akteure durch ihr Handeln weder die globale Armut, noch Umweltrisiken oder ökologische Knappheiten minimieren. Alleine Unternehmensmodelle, wie sie schon bei den internationalen Non Governmental Organisations (NGOs) angewendet werden, stellen die Weiche für eine Transformation, da diese nicht Gewinnorientiert veranlagt sind. Im Idealfall bestünden alle Unternehmen innerhalb der Corporation 2020 aus solchen Unternehmensformen. Da die Weiterentwicklung der Unternehmen bis zum Einsetzen der Corporation aber noch nicht ausreichend von statten ging, würde es auf dem Weltmarkt nur klare „Überleber" (diese haben mit der Weiterentwicklung hin zur Unternehmens-DNA der Corp. 2020 begonnen) bzw. klare „Untergeher" (keinerlei Aktivitäten in Richtung Corp. 2020 bis dato getätigt) geben (SUKHDEV 2012).

Die Vertreter der Corporation 2020 gehen sogar soweit, dass sie die These aufstellen, dass die bisher vorgestellten wissenschaftlichen Abhandlungen der Prozessumstrukturierung noch nicht die Problemkomplexität des Klimawandels erkannt hätten. Filter, Einsparungs- oder Ausweichprozesse stellen lediglich mittelfristige statt langfristige Lösungsansätze dar. Das momentan vorherrschende Weltwirtschaftssystem hat sich über Jahrzehnte geprägt (MANKIW & TAYLOR 2012). Sei es durch die zwei Weltkriege, Revolutionen, Globalisierung oder ähnliches. In der westlichen Welt hat die „schmutzige" Ökonomie über knapp eineinhalb Jahrhunderte Fortschritt und Erfolg gebracht - global gesehen Wachstum und Entwicklung aber eben auch unakzeptable Probleme, Disparitäten und ökologische Risiken, die die Welt an die planetarischen Grenzen brachte. Gegen diese gewaltig verankerten ökonomieprägenden Ereignisse und Entwicklungen, Gewinnorientiertheit und Wettbewerbswahn können keine kurz- oder mittelfristigen Ansätze Abhilfe schaffen – dies würde lediglich durch ein Handel nach dem Konzept der Corporation 2020 geschehen (ALFREDSSON & WIJKMAN 2014).

Bei all diesen angesprochenen Problematiken, gehen die Verfechter der Corporation 2020 davon aus, dass mittels Anreizen und einsetzendem Risikobewusstsein der Ökonomieakteure das durchsetzen der Corporation 2020 gut möglich ist.

UMSETZUNGSSTRATEGIEN

Damit das Umfeld, in der die neue Unternehmens-DNA wirken soll bzw. entstehen kann, muss der wirtschaftliche Erfolg neu definiert werden – sowohl auf der Mikro- als auch auf der Makroebene. Grundsätzlich müssen neue politische Konzepte geschaffen werden, die es schaffen, die Ziele der Unternehmen mit den Zielen der Gesellschaft annähernd deckungsgleich werden zu lassen. Der erste Indikator an der sich der Erfolg bzw. Misserfolg messen lässt, ist das Bruttoinlandsprodukt (BIP). Es ermöglicht neben der Bilanzierung von Wirtschaftswachstum bzw. –Rückgang einen internationalen Vergleich mit allen Wirtschaftsteilnehmern. Auch hier gilt das Credo - je höher, desto besser. Letztendlich wird aber mittels dem BIP doch nur den Gesamtwert aller Waren und Dienstleistungen an, die innerhalb eines Jahres im Land produziert und verkauft wurden. Der Nachhaltigkeitsaspekt geht bei dieser Berechnung vollkommen verloren. Aus dieser Problematik heraus fordert die Corporation die Neugestaltung einer volkswirtschaftlichen Gesamtrechnung, die eben nicht nur den Konsum, sondern auch die Naturgüter, Ökosystemleistungen und Ressourcennutzung inkludiert. Ebenfalls sollen die neuen Kapitalformen (Human-, Sach-, Sozial- und Naturkapital) in diesem Messsystem berücksichtigt werden (CORPORATION 2020 2014).

Ein weiterer Punkt, der eine wichtige Rahmenbedingung innerhalb der Corporation 2020 bildet, ist der Punkt der Besteuerung. Die bereits angesprochene Ressourcenbesteuerung soll durch die erzielten Einnahmen Gelder zur Förderung und Entwicklung weniger Rohstoffintensivere Technologien hervor bringen.

Ebenso würde die Besteuerung von klimaunfreundliche Parametern/ Technologien/ Verfahrensweisen ein Umdenken der Gesellschaft erzielen, da diese weiterhin darin bestrebt ist, Gelder zu sparen. Es würde eine indirekte Umerziehung der Bevölkerung und im Idealfall auch eine Umerziehung der Unternehmen von Welt hervorrufen (SUKHDEV 2012).

Staatliche Investitionen und öffentliche Aufträge sollen dazu beitragen, dass der Übergang zu einer Grünen Ökonomie vorangetrieben wird. Solche Investitionen können in allen Bereichen der Gesellschaft getätigt werden – überall dort, wo sie die Grüne Ökonomie bzw. eine „Grüne-Denkweise" fördern. Vor allem die Weiterentwicklung der Technologien und die damit verbundene Forschungen sind auf Finanzierungen dieser Art angewiesen.

Neben den staatlichen Geldern ist es aber auch denkbar, dass Privatpersonen und – Unternehmen solche Gelder zur Verfügung stellen bzw. Aufträge in Auftrag geben. Das getätigte Finanzkapital würde dadurch in höherwertiges Human-, Sach- bzw. Sozial- und Naturkapital transformiert werden.

Eine letzte Umsetzungsstrategie stellt die Form der Regulierung dar. Diese gilt für die Entscheidungsträger als die letzte Option, Vorrausetzungen für die Welt der Corporation 2020 zu schaffen. Neben dem Instrument der Besteuerung können die Auferlegung von Normen, die Schaffung neuer Gesetze oder auch der Entwurf von Ge- und Verboten bzw. Verordnungen dazu beitragen, dass Bewusstsein der Gesellschaft und der Unternehmen zur Grünen Ökonomie hin zu ebnen (SUKHDEV 2012).

Wie genau die angeführten Maßnahmen aussehen werden ist noch ungewiss, da diese individuell auf jedes Land bzw. Unternehmen zugeschnitten werden müssen (WALLACE 2012). Auch ist es den Vertretern der Corporation 2020 bewusst, dass sich der Wandel von Corp. 1920 hin zur Corp. 2020 langsam bzw. zäh vollziehen wird. Von einer abrupten Veränderung kann nicht ausgegangen werden, da das Risikobewusstsein der meisten Menschen dem Klimawandel gegenüber noch zu unausgeprägt ist. Auch müssen Konkurrenzdenken und Wettbewerbsorientiertheit durch Nachhaltigkeit und ökologisches Bewusstsein ausgetauscht werden.

BEISPIELE

Beispiele für in der Corporation 2020 angedachte Form eines Unternehmens existieren trotz der genannten hemmenden Faktoren bereits heute schon (MICHELBERGER 2012, SUKHDEV 2012).

Wie sich genau das Thema Nachhaltigkeit fest in der Unternehmensstrategie verankern lässt, zeigt beispielhaft die REWE Gruppe. Der Handelskonzern arbeitet bereits seit Jahren daran, Nachhaltigkeit aus der Marktnische zu holen und möglichst viele Verbraucher für einen bewussten Konsum zu gewinnen. Der Vorstandsvorsitzende Alain Caparros hat das Unternehmen in einen nachhaltigkeitsrelevanten Managementprozess geführt. Dafür wurden sowohl er als auch das Unternehmen mehrfach ausgezeichnet. Für Alain Caparros steht fest: Nur nachhaltig denkende und handelnde Unternehmen werden in dem deutlich an Schärfe gewinnenden Wettbewerb bestehen. Denn der Schutz der Umwelt sowie ein fairer Umgang mit Partnern entlang der Wertschöpfungskette sind jene Profilierungsmerkmale, welche in Zukunft den Unterschied beim Kunden ausmachen werden (FONDSEXKLUSIV 2012).

Weitere Unternehmen und Personen, die bereits heute nach dem Konzept der Corporation 2020 handeln sind (exemplarisch):

- Jochen Zeitz (ehem. Puma-Chef)
- Allen L. White (Director, Corporation 20/20)
- Peter Blom (CEO, Triodos Bank)
- Mark Goyer (Founder-Director of Tomorrows Company)
- Harrison Ford
- Green Peace
- Hawlett-Packard
- Heinrich Böll Stiftung
- Edeka
- Green-Tranformation.com
- Otto-Group

KRITIK

Das Konzept der Corporation 2020 liefert ohne Frage einen interessanten Blickwinkel auf die potentiellen Unternehmensstrukturen von morgen und ermöglicht damit eine optimistische Aussicht in der es eine Zukunft geben könnte, in der Wirtschaft und nachhaltige Ökologie vereinbar erscheinen. Es fehlen allerdings Überlegungen zu der Frage eines unendlichen Wirtschaftswachstums — und was dies mit der Ausbeutung der Natur zu tun hat.

Ebenso wird innerhalb des Konzeptes nicht auf die Frage eingegangen, wie wir den Konsequenzen abnehmender fossiler Energieträger begegnen können, oder auch wie wir die soziale-globale Gerechtigkeit wieder herstellen können, ohne dass in der westlichen Konsumwelt Abstriche gemacht werden müssen. Ferner bleibt die Frage ungeklärt, was mit dem Klimawandel geschieht, dieser lässt sich mittel der Corporation 2020 lediglich vermindern oder verzögern – ein Verhindern wird es aber definitiv geben.

Ein anderer Gesichtspunkt, der auch schon bei der Naturkosteninternalisierung bzw. Ressourcenbesteuerung auftrat ist der, dass sich finanziell unabhängige Unternehmen es sich durchaus leisten können Strafgelder oder horrende Steuern zu zahlen, die Umwelt jedoch weiterhin auszubeuten. Auch fehlt es noch immer an einem auf die Klimaproblematik geschärfte Betrachtungsweise, dem Großteil der Bevölkerung ist es immer noch nicht bewusst, welche Ausmaße der Klimawandel mit sich bringt und dass deshalb ein unverzügliches Handeln unumgänglich ist. Zu bezweifeln ist auch, ob die großen Konzerne/ Unternehmen sich überhaupt auf die Transformation von der Corporation 1920 hin zur Corporation 2020 einlassen, da diese mit einem enormen politischen und vor allem auch finanziellen Aufwand versehen ist. Es ist denkbar, dass das Konzept auf Grund dieser Problematiken bei der großen Masse der Bevölkerung eher auf Ablehnung als auf Akzeptanz und Umsetzung stoßen wird. Ebenso scheint es bis dato unmöglich, die internationalen Unternehmen davon zu Überzeugen, dass diese eine ökologische Nachhaltigkeitsförderung der Ökonomie betreiben und nicht mehr Wettbewerbs und Gewinnorientiert handeln.

ZUSAMMENFASSUNG

Die derzeitige globale Wirtschaft ist ständig auf Wachstumsjagt, um jeden Preis. Ein Unternehmen innerhalb dieser Wirtschaft agiert aggressiv und unreflektiert. Es verschuldet sich offensiv und bringt gewaltige Summen an Lobbyarbeit auf, um die Politik zu seinen Gunsten zu beeinflussen. Es bringt zwar private finanzielle Gewinne für seine Anteilseigner hervor, verursacht jedoch enorme Verluste für die Natur und die Gesellschaft. Es wird nicht versäumt die negativen Externalitäten zu bemessen oder einzudämmen, vielmehr sieht ein Unternehmen der heutigen Zeit sie als Mittel zur Gewinnmaximierung an (Corporation 1920). Dieser Unternehmens- und Wirtschaftsweise soll die Corporation 2020 entgegenwirken. Im Gegensatz zur Corporation 1920 stellt die Corporation 2020 eine "Kapitalfabrik", die nicht nur finanzielle Gewinne für Anteilseigner erzielt, sondern auch gesellschaftliches Kapital und menschliches Kapital für seine Stakeholder. Mittels einer eigens für das Konzept entwickelten „DNA" sollen die Unternehmen von Morgen Handlungsanregungen und Denkimpulse präsentiert bekommen, die dann im Idealfall auf das jeweilige Unternehmen angewendet werden. Damit diese Transformation von statten gehen kann, bedarf es joch an einer Vielzahl von Voraussetzungen die sowohl in der Mikro- als auch in der Makroebene der globalen Wirtschaft erfüllt sein müssen. Dazu Zählen unter anderem, dass ein modernes Unternehmen z.B. kein natürliches Kapital vernichtet, sondern arbeitet in Einklang mit den Angestellten, Kunden und Lieferanten und verbindet diese als "Gemeinschaft". Es bildet seine Mitarbeiter aus, wie eine "Bildungseinrichtung". Ein zukunftsfähiges Unternehmen berücksichtigt bei der Bewertung und Kommunikation seiner wirtschaftlichen Leistung auch die Externalitäten und unternimmt alles, um diese zu reduzieren (MICHELBERGER 2012).

Geebnet werden soll der Weg von der Corp. 1920 hin zur Corp. 2020 mittels verschiedener Strategien. Diese beinhalten unter anderem, dass Investitionen bzw. Aufträge in öffentliche Hände überführt werden sollen. Ebenso sollen Transparenz, Überprüfungen und Offenlegungen der Wirtschaftsbücher bzw. Wirtschaftsströme Anreize für ein zukunftsorientiertes Handeln liefern. Dass diese Transformation nicht von alleine und selbstverständlich von statten gehen wird, steht nicht zur Debatte. Vielmehr müssen Voraussetzungen und geschaffen werden, damit Transformation überhaupt einsetzen kann. Dazu zählt neben der Einziehung der wahren externen Kosten (mittels TRUEVA), genau die Faktoren einzudämmen, die der Corporation 1920 seine Vormachtstellung sichern. Dazu gehört, das Fremdkapital zu begrenzen, Werbung nur noch verantwortungsvoll zu betreiben und den Verbrauch von Ressourcen, anstatt die Gewinne zu besteuern. Der Weg von der Corporation 1920 zur Corporation 2020 wird kein einfacher sein. Eher ist mit erheblichen Turbulenzen zu rechne, deren erste Vorläufer die Gesellschaft der heutigen Zeit schon längst erlebt. Dennoch existieren derzeit eine Vielzahl von Firmen und Unternehmen/ Organisationen die bereits nach dem Konzept der Corporation 2020 agieren, denn sie sehen bereits jetzt die Vorzüge dieser neuen Wirtschaftsweise. Ein fairer Umgang mit Kunden, Partnern und der Natur – nur dass kann das Unternehmen von morgen zu einem ökologisch und ökonomischem nachhaltigen Parameter innerhalb der globalen Wirtschaft werden lassen.

Sicherlich stößt das Konzept der Corporation 2020 mit seinen Überlegungen und Forderungen auf Widerstand. Gerade die Unternehmen, die derweilen auf Grund von der Naturausbeutung oder anderen Externalitäten ihre Gewinne verzeichnen und so ganz oben im Ranking der erfolgreichsten internationalen Unternehmen mitspielen, werden sich vehement dieser Konzeptionierung wiedersetzen.
Aber alles in Allem stellt des Konzept der Corporation 2020 ein gut durchdachtes und optimiertes Wirtschaftsmodel von morgen dar. Faktoren wie Ressourcenbesteuerung und Naturkosteninternalisierung, Transparenz oder der bewusstere Umgang mit Werbung stellen eine erste Basis zu der Transformation zu einer einheitlichen globalen Green Economy

dar. Sicherlich ist das Konzept nicht in allen Punkten ausgereift – es ist jedoch realistischer anzusehen als die meisten anderen Konzepte innerhalb der Green Economy.

Insgesamt verfügt die Corporation 2020 über das Potential, neue Zielgruppen für das erforderliche nachhaltige Wirtschaften zu begeistern, die an der Nachhaltigkeitsdebatte allenfalls als Entscheidungsträger teilgenommen haben.

QUELLENVERZEICHNIS

ALFREDSSON, E., WIJKMAN A. (2014): THE GREEN, INCLUSIVE ECONOMY. SHAPING SOCIETY TO SERVE SUSTAINABILITY. S. 29 - 33.

AN INTERIM REPORT. BRÜSSEL. EUROPEAN COMMUNITIES.

CORPORATION 2020 (2014): CORPORATION 2020 – DESIGNING FOR SOCIAL PURPOSE. DIREKTLINK: HTTP://WWW.CORPORATION2020.ORG/INDEX.HTM (23.04.2014)

FONDSEXKLUSIVE (2012): EX-BANKER FORDERT RADIKALES UMDENKEN. DIREKTLINK: HTTP://WWW.FONDSEXKLUSIV.DE/INHALT/MELDUNGEN/EX-BANKER-FORDERT-RADIKALES-UMDENKEN.HTML (23.04.2014)

GREENTECH-GERMANY (2014): CORPORATION 2020 – DURCH VOLKSWIRTSCHAFTLICHE BILANZIERUNG NACHHALTIGES WIRTSCHAFTEN STÄRKEN? DIREKTLINK: HTTP://WWW.GREENTECH-GERMANY.COM/CORPORATION-2020-DURCH-VOLKSWIRTSCHAFTLICHE-BILANZIERUNG-NACHHALTIGES-WIRTSCHAFTEN-STAERKEN-A553884

KRAUSMANN, F., GINGRICH, S., EISENMENGER, N., ERB, K.-H., HABERL, H., FISCHER-KOWALSKI, M. (2009): GROWTH IN GLOBAL MATERIALS USE, GDP AND POPULATION DURING THE 20TH CENTURY.

MANKIW, N., TAYLOR, M. (2012) GRUNDZÜGE DER VOLKSWIRTSCHAFTSLEHRE. SCHÄFFER-POESCHEL. IV.AUFLAGE.

MICHELBERGER, N. (2012): INTERVIEW MIT PAVAN SUKHDEV. STELLEN BIENEN RECHNUNGEN? EXTERNALITÄTEN AUS DER SICHT EINES EX-BANKERS. –IN: FORUM - NACHHALTIGES WIRTSCHAFTEN. DAS ENTSCHEIDER MAGAZIN. 4/2012. S. 107 – 111.

PEREIRA, H. M., LEADLEY, P., PROENCA, V., ALKEMADE, R., SCHARLEMANN, J., FERNANDEZ-MANJARRES, J., ARAUJO, M., BALVANERA, P., BIGGS, R., CHEUNG, W., CHINI, L., COOPER, H., GILMAN, E. L., GUENETTE, S., HURTT, G. C., HUNTINGTON, H., MACE, G., OBERDORFF, T., REVENGA, C., RODRIGUES, P., SCHOLES, R., SUMAILA, U., WALPOLE, M. (2010): SCENARIOS FOR GLOBAL BIODIVERSITY IN THE 21ST CENTURY. SCIENCE 330, 1496–1501.

SOMMER, B. (2013): ENTKOPPELUNG: SIND STETIGES WACHSTUM UND EINE NACHHALTIGE ENTWICKLUNG VEREINBAR? –IN: WELZER, H., WIEGANDT, K. (HRSG.). WEGE AUS DER WACHSTUMSGESELLSCHAFT. II.AUFLAGE. FISCHER VERLAG. S. 13 – 34.

SUKHDEV, P. (2008): THE ECONOMICS OF ECOSYSTEMS & BIODIVERSITY. ECOLOGICAL ECONOMICS 68 (10), 2696–2705.

SUKHDEV, P. (2012): CORPORATION 2020 – WARUM WIR WIRTSCHAFT NEU DENKEN MÜSSEN. OEKOM.

SUKHDEV, P. (2014): DIREKTLINK: HTTP://WWW.PAVANSUKHDEV.COM (23.04.2014)

TEEB – THE ECONOMICS OF ECOSYSTEMS AND BIODIVERSITY (2010): THE ECONOMICS OF ECOSYSTEMS AND BIODIVERSITY: ECOLOGICAL AND ECONOMIC FOUNDATIONS. LONDON: EARTHSCAN.

THE ST. JAMES'S PALACE MEMORANDUM (2009): ST. JAMES'S PALACE MEMORANDUM. „HANDELN FÜR EINE KLIMAVERTRÄGLICHE UND GERECHTE ZUKUNFT". LONDON, GROßBRITANNIEN, 26. BIS 28. MAI 2009. CAMBRIDGE, UK: UNIVERSITY OF CAMBRIDGE, POTSDAM-INSTITUT FÜR KLIMAFOLGENFORSCHUNG.

UNMÜßIG, B. (2012): INTERVIEW MIT PAVAN SUKHDEV. NIEMAND WILL DER NATUR EIN PREISSCHILD UMHÄNGEN. –IN: BÖLL THEMA. GRÜNE ÖKONOMIE – WAS UNS DIE NATUR WERT IST. 1/2012. S. 15 – 20.

WALLACE, P. (2012): SUKHDEV´S 2020 VISION. –IN: WASTE MANAGEMENT AND ENVIRONMENT. VOL. 23, NO. 11. P. 28 – 29.

WBGU (2011): WELT IM WANDEL – GESELLSCHAFTSVERTRAG FÜR EINE GROßE TRANSFORMATION. HAUPTGUTACHTEN. WBGU. II. AUFLAGE.

« ICH MEINE, WIR BRAUCHEN EINE NEUE ART VON KONZERNEN,
ICH NENNE DAS ‹ CORPORATION 2020 ›. EINE NEUE ART
VON PRIVATUNTERNEHMEN, DEREN ZIELE IN EINKLANG MIT DEN
ZIELEN DER GESELLSCHAFT GEBRACHT WERDEN.
MEINER MEINUNG NACH HABEN WIR DAFÜR NOCH HÖCHSTENS
ZEHN JAHRE ZEIT. » — PAVAN SUKHDEV

IN: UNMÜßIG, B. (2012)

BEI GRIN MACHT SICH IHR WISSEN BEZAHLT

- Wir veröffentlichen Ihre Hausarbeit,
  Bachelor- und Masterarbeit

- Ihr eigenes eBook und Buch -
  weltweit in allen wichtigen Shops

- Verdienen Sie an jedem Verkauf

Jetzt bei www.GRIN.com hochladen
und kostenlos publizieren